小亮老师的博物课

博物课

不可思议的花草树木

张辰亮 著 夏婧涵等 绘

天地出版社 | TIANDI PRESS

我是一名科普工作者，经常在微博上回答网友提的关于花鸟鱼虫的问题，很多人叫我"博物达人"。我得了这个称呼，自然就常有人问我："博物到底是什么呢？"

博物学是欧洲人在刚刚用现代科学视角看世界时产生的一门综合性的学问。当时的人们急切地想探知万物间的联系，于是收集标本、建立温室、绘制图谱、观察习性，这些都算博物学。博物学和自然关系密切，又简单易行，普通人也可以参与其中，所以曾经引发了欧洲的"博物热"。博物学为现代自然科学打下了根基。比如，达尔文就是一位博物学家，他通过对鸟兽的观察、研究，提出了"进化论"。"进化论"影响了人类数百年。

科学发展到现在，已经非常复杂高端，博物学在科学界也已经完成了历史使命，但博物学本身并没有消失。我们普通人往往觉得科学有点儿高端，和生活有点儿脱节。但博物学不一样，它关注的是我们生活中能见到、听到、感受到的事物，它是通俗的、有趣的，和自然直接接触的，这使它成为民众接触科学的最好途径。

博物学是孩子最好的自然老师。

我做了近十年的科普工作，现在也有了女儿，当她开始认识世界，对什么都好奇时，每次她问我"这是什么？"的时候，我就在想：她马上要听到她一生中这个问题的第一个答案！我应该怎么说，才能既保证准确、不糊弄孩子，也能让孩子听懂呢？

我不禁回想起当我还是一个孩子的时候，我的家长是怎样回答我的问题的。

在我小时候的一个冬天，我踩着雪去幼儿园，路上我问我妈："我们踩在雪上，为什么会发出嘎吱嘎吱的响声？"我妈说："因为雪里有好多钉子。"到了夏天，我又问我妈："打雷是怎么回事呢？"我妈告诉我："两片云彩撞一块儿了，咣咣的。"

这两个解释留给我的印象极深，哪怕后来学到了正确的、科学的解释，这两个答案还是在我的脑中挥之不去。

我想这说明了两件事。

第一，童年得到的知识，无论对错，给人留的印象最深。如果首次得到的是错误答案，以后就要花很大精力更正它。如果第一次得到的是正确的知识，并由此引发兴趣，能够探究、学习下去，将受益终生。所以让孩子接触到正确的知识很重要。

第二，这两个问题的答案实在太通俗、太有趣了，所以我一下就记住了。如果我妈当时跟我说了一堆公式，我肯定早就忘了，也不会对自然产生持续的兴趣。所以，将知识用合适的方式讲给孩子也很重要。

　　这些年我在微博上天天科普，回答网友的问题，知道大家对什么最感兴趣。我还多次去全国各地给孩子们做科普讲座，当面听到过无数孩子的提问，对孩子脑袋里的东西也有一定的了解。

　　我一直在整理我认为最贴近孩子生活、对孩子最有用的问题的资料。最近，我觉得可以把这些问题的答案分享给更多的孩子和家长了，于是我就在喜马拉雅上开了一门课程——《给孩子的博物启蒙课》。

　　这门课程一共分为六个主题模块，分别是花草树木、陆地动物、水生动物、鸟类、昆虫、身边自然，涵盖了植物、动物、进化、天文、地理、物理等方面的知识，选取的内容都是日常身边能见到、孩子们能感知的事物。这 60 期课程的主题也都是孩子们感兴趣的话题，想必里面的不少内容，孩子们都问过家长，如果家长不知道怎样回答孩子，就让他们听我讲吧！

　　我希望这门课程不但能使孩子们获得知识，而且能让他们用正确的态度对待自然。如果它还能让孩子对大自然和科学产生好奇，进而有更多独立的思考和探究，就更好了。

　　音频课播完后，我本来以为完成"任务"了，可很多家长和孩子都问："开不开第二季？"看来大家挺爱听！我在欣慰的同时又有点儿犯难：录制这套课程非常耗费时间和精力，我还没有下定决心开第二季。好在已录制的部分可以全部出成书，听完课没记住内容的话，可以翻翻书，书中配有大量图片，看书也更直观。看完这本书，希望你能被我带进博物学的大门，养成认真看书、独立思考、善于野外观察的好习惯，成为一名大自然的热爱者、研究者和保护者。

不可思议的花草树木

脐橙为什么有"肚脐"？

不可思议的花草树木

你爱吃橙子吗？我很爱吃。这两年我还吃到了一个特别有意思的品种——果冻橙，它是日本培育的品种，正式名称为"爱媛 38 号"。果冻橙个头儿不大，皮特别薄，切开之后里边每一瓣的膜也特别薄，几乎完全是果肉，吃起来的质感就像果冻一样，而且不是特别甜。很多人认为水果越甜越好，其实太甜了对牙齿不好，正常甜度就够了。

仔细观察脐橙，我们会发现：橙子的一头是果柄，又叫"蒂"，蒂上面连着果树的枝条、叶子；跟蒂相对的另一头是橙子的脐，就像人的肚脐一样。

脐橙的脐是怎么来的呢？

它其实是橙子树的花脱落之后留下的一个痕迹。果冻橙的脐很小，只有一个微微的小凸起。但是很多其他种类的橙子的脐非常大，脐里面还有各种疙疙瘩瘩的凸起，都撑破果皮表面凸到外面来了。

切开脐橙，你会发现它的脐里还有一粒一粒的小果肉。

它们看起来像一颗一颗的小果子，就好像这个大橙子怀的孩子一样。

脐橙的脐到底是什么东西呢？

切开脐橙之前，你可以先观察一下脐，它的外表就像很多小橙子挤在一起，很不规则，表皮和大橙子表皮几乎没有区别。我们切开看看它的剖面，会发现里边有一粒一粒的小果肉，但是没有种子。

橙子每一瓣果肉里往往都有几颗种子，但是脐里边的果肉没有种子。这就是脐的特点。脐橙的脐其实就是一种特殊的小果子，我们叫它"副果"。"副"表示它不是主要的果子，是一个附带的小果子。为什么一个橙子里会长出小果子呢？这其实是基因突变的结果。

植物什么部位长成什么样，都是由基因决定的，比如植物的一朵花其实是一节枝

橙子

条变化来的。在远古时代，植物没有花。后来随着不断演化，有些植物选择了一条道路，就是让自己的繁殖器官特别显眼，这样可以吸引虫子帮它传粉。怎么变显眼呢？它就把一根短枝条上的几片叶子聚在一起，长成一圈，叶片变得鲜艳美丽，花瓣就这样诞生了，还有的叶片变成了花蕊。

所以，小朋友们现在看到的这些花瓣、花蕊，其实它们是由叶子特化形成的。控制着这些叶子，让它们能够变成花瓣、花蕊的就是几个基因。同样的，如果控制植物发育种子的基因发生突变，那么就会有个别种子发育不成，而长成小果子。

当这种基因突变发生在脐橙上时，这个果子就长在脐橙的脐这个位置，而且它的发育是不完全的、畸形的，所以，这个脐就长得很乱。并且，由于这种畸形的小果子本身是从种子发育而来的，所以它里边长不出种子。

19 世纪，欧洲最早出现了这种基因突变。有人说是在一个修道院的橙子树上，首先发现了这种变异。后来，人们

各种各样的橙子

就特意把这样的橙子树保留下来，一代代去挑选，最后变成了我们今天吃的脐橙了。

　　小朋友们可以尝尝脐橙的脐里的这些小果肉，这些果肉通常比大果的果肉还要甜。

除了脐橙，还有其他水果和蔬菜会出现副果吗？

　　水果中的番木瓜也有可能出现副果。市场上一般把番木瓜叫作木瓜，它的外形像一个橄榄球，切开后里边是橙色的果肉，一颗颗黑色的小种子排列在中央。木瓜不是很甜，可

木瓜

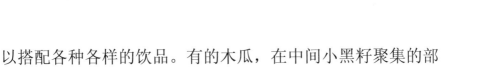

以搭配各种各样的饮品。有的木瓜，在中间小黑籽聚集的部位，会躺着一个非常小的木瓜，小木瓜没有外皮，基本上就是由橙色瓜肉组成的。

有人说这是大木瓜怀了宝宝。其实这是木瓜的种子发生了基因突变，最后长成了副果。

我们吃的柑橘，有时候它里边还包着一个小橘子。小橘子的形状比脐橙的副果规则得多，一瓣一瓣的挺像大橘子。很多人看到这个小橘子都不忍心吃掉，说发现了一个橘子"孕妇"！其实这也是副果。

另一种很好玩儿的副果就是柿子椒或大个儿的辣椒里的小柿子椒或辣椒，也就是说柿子椒或辣椒也会长出副果。

重瓣花，也就是有好几层花瓣的花，也有类似的情况。自然界里很多野生的花都是单瓣的，它们只有一层花瓣，花瓣中心长着很多的花蕊。前面说过，不管是花瓣还是花蕊，它们都是由叶片变成的，所以它们之间可以互相转化。

重瓣花是单瓣花的控制生长的基因发生突变的结果。这些个体突变之后，不是长出副果，而是雄蕊变成了花瓣。

如果你仔细观察一朵花，会发现一朵花有很多个雄蕊。雄蕊是什么样的？就是一根小细丝上面顶着一个小鬏（jiū）鬏，这就是雄蕊。花的中心，经常会有很多这样的小花丝顶着小鬏鬏。

如果这么多的雄蕊全都变成了花，这个花不就从单瓣变成重瓣了吗？人们非常喜欢这种重瓣的花，层层叠叠的花瓣，看上去非常华丽。所以，人们挑选出了很多这样变异的个体，一代代精心培育，比如牡丹、芍药、康乃馨等，都是这样培育出来的。

牡丹

我的自然观察笔记

小朋友，请你找来一个脐橙将它切开，看看它的脐里面是不是真的有一粒一粒的小果肉。

观察完毕后，请在下方空白处把脐橙的内部结构画出来吧!

蛇果是蛇爱吃的果子吗?

不可思议的花草树木

你爱吃水果和蔬菜吗？水果和蔬菜对小朋友长身体特别好。你吃蔬菜水果的时候，有没有想过它们的名字是怎么来的呢？我小时候吃水果，就经常想这些问题。这些名字其实深挖下去都特别好玩儿。那么我们一起来看看，蔬菜水果的名字都有什么有意思的故事吧！

超市里有一种特别红的苹果，一点儿杂色都没有，全身通红，而且看起来很"苗条"。它的特点就是果肉很"面"，或者说很"粉"，不是那种脆苹果。我们管这种苹果叫"蛇果"。

可能有的小朋友不爱吃蛇果，因为它吃起来面乎乎的。但是正因为它的果肉很面，我们可以用勺子将它刮成果泥，所以非常适合牙还没长好的小朋友吃。

这种苹果为什么叫蛇果呢？

难道是蛇爱吃这种果子吗？其实，"蛇果"和蛇一点儿关系也没有。这个名字是由香港人翻译的。这种苹果的英文名叫"red delicious apple"，翻译过来就是"红色的美味苹果"

或"美味红苹果"。但是香港人没有完全按照英文的含义翻译，而是一部分按照含义、一部分按照发音翻译。"red"翻译成了"红色"，但是"delicious"——也就是"美味"这个词——按照英语的发音被翻译成了"地厘蛇"，然后再加上苹果的"果"，就成了"红地厘蛇果"。后来香港人觉得这个名字太长，就简化成"蛇果"了，内地也沿用了这个名字。

车厘子为什么不叫樱桃呢?

车厘子的名字和蛇果类似，也是由广东、香港那一带的人音译过来的。

车厘子个儿大，而且黑红黑红的。它是樱桃的一种，

车厘子

但是它为什么不叫樱桃呢？其实，车厘子是"樱桃"的英文"cherry"的音译，粤语区的人们根据英文发音译成"车厘子"。

我国产樱桃吗？当然！但是我国的樱桃个儿很小，而且成熟之后很软，不方便运输。人们经常不等它们完全成熟，就把它们摘下来运往各地。如果等它们全熟了再摘，它们在路上就会烂掉。所以国产的樱桃往往由于没熟透，吃起来有点儿酸。

后来我国从海外进口了一种樱桃，叫欧洲甜樱桃。这种樱桃个儿大，表皮红得发黑，吃起来特别甜，还特别耐运输，所以这种樱桃马上就风靡国内。为了和国产的小樱桃区分开，人们就用"车厘子"来称呼这种欧洲甜樱桃。所以大家都以为市场上那种又黑又大的樱桃叫车厘子，那种非常小的叫樱桃，其实它们都属于樱桃这个大家族。

香港人还创造了哪些有趣的水果名字？

香港人常吃一种叫作"士多啤梨"的水果，你知道这是什么吗？"士多啤梨"听上去似乎是一种梨，还跟啤酒有点儿关系。其实它跟梨和啤酒都没有关系。"士多啤梨"其实是草莓，这就更是一个纯粹的音译名了。草莓的英文是"strawberry"，用粤语音译过来就变成"士多啤梨"了。

还有一种水果叫"黑布林"，有些饮品店会有黑布林口味的冰激凌或者饮料。这个名字听起来很高端，但它就是一个像小桃子那么大的东西，圆圆的，表皮是黑色的，还有一点儿白霜。我们把它切开看一下，里边是黄色的果肉。你觉得它像什么？是不是像李子？其实它就是一种从美国进口的李子。因为李子更适合在北方生长，香港人平时很少见到。从美国进口的李子，他们感觉很陌生，所以就直接用表皮的黑色，还有李子的英

黑布林

不可思议的花草树木

文"plum"音译成"布林"，组合起来就叫"黑布林"了。

除了这些香港翻译的水果之外，还有两种蔬果是出口转内销的。它们本来是中国产的，后来去国外转了一圈之后换了个洋气的名字，又回到中国来了。很多中国人以为它们是国外的蔬菜和水果。

荷兰豆是生长在荷兰的豆子吗？

其实，荷兰豆是中国产的。在欧洲，它还有一个名字叫"Chinese snow pea"，也就是"中国雪豌豆"。这是怎么回事呢？其实，荷兰豆本来是一种豌豆，豌豆里面的豆子能吃，外面的豆荚不能吃。后来我国南方

荷兰豆

培育出了一个特殊的品种，这个品种不但豆子可以吃，连豆荚也可以吃。

外国人发现了这个新品种之后，把它带到了国外，精心栽培，又进一步地培育、繁殖，最后又卖回到中国。中国人以为这是外国进口的一种豆子，就叫它"荷兰豆"。

荷兰豆主要是由美国人培育的，那为什么不叫"美国豆"而叫"荷兰豆"呢？这是因为在很久以前荷兰与中国就开始了贸易往来，中国人率先接触到的西洋人以荷兰人居多，就留下了一个习惯，把外来的、进口的东西冠以"荷兰"的名字。比如荷兰猪这种宠物，它不是猪，而是豚鼠，是老鼠的亲戚。豚鼠是南美洲的动物，但因为是从国外引进来的，人们就叫它"荷兰猪"。

奇异果又是什么水果呢？

我们经常看到新西兰奇异果的广告，广告里的小朋友用勺子挖着吃果肉，看上去非常洋气，让人以为奇异果是新西兰的特产。其实奇异果就是猕猴桃，原产于我国。

　　"猕猴桃"是中国人给这种水果起的名字，从唐朝开始就有诗人赞美过它。唐代诗人岑参就曾经写过一首诗，诗里有一句话"中庭井阑上，一架猕猴桃"，意思是在院子里的井口上搭着一个架子，架子上面爬满了猕猴桃的藤。猕猴桃是一种爬藤植物，可以像葡萄一样爬到架子上。猕猴桃是我国土生土长的野生水果，而且很早就被栽种了。

猕猴桃

至今在我国野外，无论是东北还是南方，山里还能经常看到野生的猕猴桃。

19世纪，西方人来中国采集各种植物，发现了猕猴桃，把它的种子带到了欧洲及美国。但是，他们培育的猕猴桃只长叶子，却不能结果。一个新西兰人把猕猴桃的种子带到了新西兰，他种出的猕猴桃就结果子了。因为猕猴桃是雄雌异株的植物，意思是它分雄株和雌株，就像人分男女一样。雄株只开雄花，不结果实，只有雌株才能结果实。不巧的是，被带到欧洲和美国的猕猴桃恰好全都是雄株，所以它们只能长叶子，开完花也不能结果实。

当然，只有雌株也结不了果实，因为它需要雄花授粉。新西兰的采集者运气特别好，他采到的种子正好有雄性，也有雌性；植株授粉成功了，也就结出了果实。就因为这样一个巧合，猕猴桃在新西兰安家了。而且新西兰人特别喜欢吃这种水果，就专心栽种它，最后形成产业，把它卖到了中国。

新西兰人把猕猴桃做成产业之后，需要给它起一个好听的名字，让人一听就想买。人们发现猕猴桃皮上布满了褐色的小绒毛。中国人认为它长得像一只小猕猴，而新西兰人觉得它长得特别像当地一种著名的鸟——几维鸟，新西兰人也叫它"kiwi"。它是一种没有翅膀的、胖胖的大鸟，嘴特别长，吃小昆虫。几维鸟是新西兰的象征，新西兰人经常自称"kiwi"。

几维鸟身上的毛和猕猴桃的表皮非常像，也是毛茸茸的、褐色的，新西兰人就把猕猴桃命名为"kiwifruit"（"fruit"是"水果"的意思）。后来，"kiwifruit"来到中国，中国人又把"kiwifruit"再次翻译，将"kiwi"音译成"奇异"，"fruit"

几维鸟

翻译成"果"，这样就有了"奇异果"这个名字。这个叫法比它在新西兰的名字更有意思，大家都想知道这种水果到底奇异在哪儿，于是，奇异果的销路一下子就打开了。

现在，中国猕猴桃的育种在不断进步。早先中国的猕猴桃不如新西兰的好吃，现在我们已经培育出了和奇异果差不多，甚至更好吃的猕猴桃。

我的自然观察笔记

小朋友，请你找来一个猕猴桃，先看看它的外皮是不是毛茸茸的，再将它切开，看看它里面长什么样。

观察完毕后，请在下方空白处把猕猴桃的内部结构画出来吧！

向日葵晚上会跟着月亮转吗？

不可思议的花草树木

小朋友们很喜欢向日葵花。在文艺晚会上，女孩们经常穿着有向日葵图案的小裙子一起跳舞。向日葵确实很好看，它的花特别大。老师还会告诉我们：向日葵的花，永远都是朝着太阳的，太阳在哪边，它们的花就朝向哪边。它们的花就像一张张小脸一直追着太阳，可爱极了。

现在有的公园会种一片向日葵。开花的时候，会吸引很多市民前来观看。如果你也去看过的话，你会发现：向日葵的花，每一朵都朝着同一个方向。

那太阳落山之后，向日葵朝着什么方向呢？第二天太阳又要从东边升起来，难道向日葵会突然一个甩头，从朝向西边变成朝向东边吗？向日葵甩头的时候，会不会把里面的葵花子甩出来？

向日葵到底是怎样追着太阳转的呢？

向日葵它只在花朵没有完全开放的时候才会严格地追随着太阳，也就是说当向日葵还没有开花或者刚刚要开花，还没有完全展开成一个大花盘的时候，它才会向阳。

在这期间，一般是早上太阳一出来，向日葵的花朝东；中午太阳到南边了，花就跟着转到南边；傍晚太阳到西边了，它又朝向西边。太阳落山以后，它并不会一个猛甩头，甩到东边去，而是会用整个夜晚的时间，慢慢地用人肉眼察觉不到的速度从西边转到东边。等它转到东边的时候，太阳正好也从东边升起来了，然后它又继续跟着太阳转。

向日葵

不可思议的花草树木

那你可能会想，晚上向日葵会不会跟着月亮转呢？答案是不会。因为即使是满月的月光，对于植物来说也太微弱了，所以这不足以吸引向日葵跟着月亮转。

等到向日葵的花完全开了，就是我们印象中超级美、特别标准的向日葵花的样子，到那个时候，你会发现，慢慢地它就不跟着太阳转了。它的花朵会一直固定在正东稍微偏南一点儿的方向，不再转动了。这是为什么呢？

因为这时候，向日葵的花已经开始成熟了，成熟之后它就要开始结籽，也就是所谓的葵花子。如果你见过那种结满了葵花子的向日葵，会发现这时的向日葵不但不再朝向太阳，而且头都垂下来冲着大地了，这是因为葵花子太多、太重了，把它的

葵花子

头坠得都垂下来了。为了能支撑住这么重、这么多的葵花子，

它的花梗必须足够硬。所以它的花完全开以后，花梗就逐渐开始变硬，变硬之后就不适合再转动了。

成熟的向日葵为什么选择东偏南的方向？

东方是太阳升起来以后阳光最合适、最温和，又很温暖的一个方向。太阳刚升起时，太阳光还不太强，到了上午十点多的时候，太阳光的强度、温度，对植物来说是最合适的。等到中午的时候，太阳转到南边了，太阳光太过强烈。如果向日葵朝着南边的话，太阳光很容易灼伤它的花朵。

为什么向日葵不朝向西边呢？太阳到西边的时候，会有西晒的问题。你可以问问爸爸妈妈，挑选房子的时候，是不是都不喜欢窗户朝西的房间？因为太阳落到西边的时候，虽然是傍晚了，阳光比中午要弱，但是这个时候太阳光的温度，比太阳从东边升起来的时候要高很多。尤其在夏天，西晒的阳光非常强烈，会照得人很不舒服，朝西的房间就会非常热。如果植物养在有西晒的窗台上，也容易被晒伤。所以，向日葵的花朝西也是不明智的。最后它就选择了朝向东稍微偏南的方向。

我曾经亲自去向日葵花田观察过，事实的确是这样。你以后如果去向日葵花田，找到那些完全开放的向日葵，可以拿出指南针试一试。现在的智能手机一般都有指南针功能。你可以打开手机中的指南针，看看向日葵朝向的那个方向，到底是不是东偏南一点儿。

向日葵到底为什么会跟着太阳转?

其实，不只是向日葵，这是很多植物都有的一个特点。如果你在家里的窗台上放一盆花，会发现花的叶子和茎干渐渐地都会往窗外的方向指，就好像人的脑袋慢慢地往窗外歪。这是因为它们在追光。

植物放在室内的窗台上，室内光线很弱，而室外阳光非常强。而植物都有追随阳光的特性，所以它们就慢慢地向有阳光的那一边生长，就有可能越长越歪了。

蜜蜂在向日葵上采食花蜜

所以那些会养花的人会经常转花盆，让长歪的植物再长回去。这在养花的领域叫"转盆"，隔段时间就把花盆旋转一次，这样植物可以经常校正它的生长方向。

植物的趋光性

如果你去室外的花坛看，会发现很多植物都喜欢跟着太阳转。因为向日葵的花特别大，所以向日葵跟着太阳转在人们的眼中非常明显，而且成片的向日葵全都朝向同一个方向的场景，带给我们的视觉冲击感特别强，所以人们就把向日葵作为追随太阳的典型来看待了。

植物到底为什么会弯曲自己，让自己朝向太阳呢？

其实是因为一种植物激素——生长素。生长素，顾名思义就是负责植物生长的。生长素有一个特点，就是浓度低的时候可以促进植物生长，而浓度特别高的时候反而会抑制植物生长。向日葵的生长素在哪里呢？向日葵的花梗（花茎）里就有生长素。

生长素除了有浓度低促进生长、浓度高抑制生长的特点，还有一个很有意思的特点，就是它很讨厌阳光！所以，阳光照在哪一边，生长素就会跑到另一边堆积起来。但是堆积程度又不足以达到抑制植物生长的浓度，所以它还会促进植物生长。

生长素都堆在背光的一面，这面花梗里的细胞受到生长素的刺激，就会分裂、生长，这样背光这面的花梗会长得快，向光那面的花梗长得就慢。一边长得快，一边长得慢，结果就是：向日葵的花梗朝有阳光的那边歪，于是向日葵的花就会朝向太阳了。

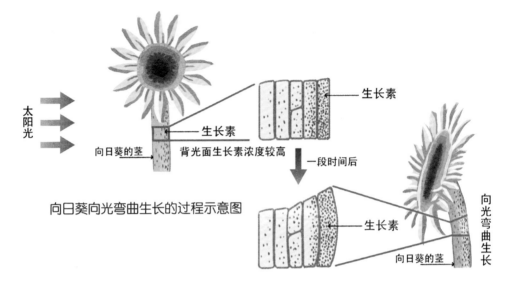

太阳光

向日葵的茎　生长素
背光面生长素浓度较高

生长素

一段时间后

生长素

向日葵的茎

生长素

向光弯曲生长

向日葵向光弯曲生长的过程示意图

　　生长素总是喜欢待在没有阳光的那一侧，当太阳又转到另一个角度、另一个位置时，生长素也会跟着调整位置。

　　总而言之，向日葵的花会跟着太阳一直转，但这只限于向日葵的花还没有完全开放的时候。一旦向日葵的花完全开放，花梗变硬，它就会一直朝着东偏南的方向了。

不可思议的花草树木

我的自然观察笔记

　　小朋友，请你观察一下家里的绿色植物，看看它是不是真的会朝着有阳光的那面越长越歪。

　　观察完毕后，请在下方空白处为它画一张画，记录下它美好的样子吧！

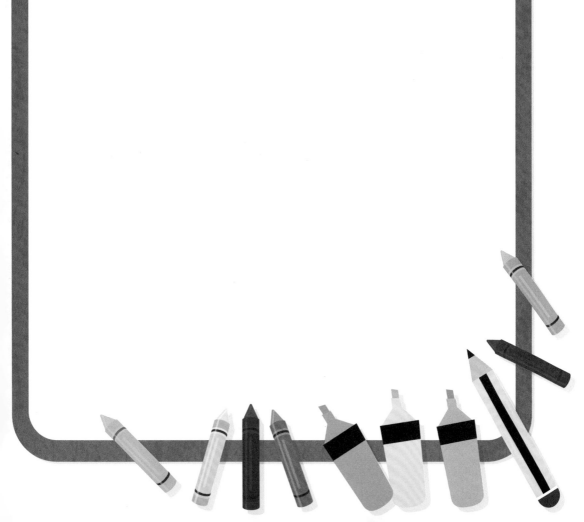

冬瓜、西瓜、南瓜，有北瓜吗？

如果让你马上说出几种瓜类的名称，你第一反应想到的是什么？很多人可能会脱口而出：冬瓜、西瓜、南瓜。接下来你是不是会本能地想说北瓜？

可能有的小朋友听家里的大人说过，甚至见过大人买的所谓的"北瓜"，那么到底有没有北瓜呢？

首先我们来了解一下，瓜到底是一个什么样的家族。

我们见过的瓜一般是圆圆的大果子，而且长在藤蔓上。汉字"瓜"就很形象地展现了瓜的特点。这是一个象形字，表示一根藤蔓上吊着一个大圆果子。有的南方小朋友可能见过木瓜，木瓜是长在树上的，不是长在藤上的。因此，我们特意在它前面加了一个"木"字，将它与一般的瓜区别开来。木瓜与真正长在藤上的瓜并不是一个家族的，它只是长得像传统意义上的瓜而已。

传统意义上的瓜，也就是各种长在藤上的瓜，大部分都是同一个家族的，在科学上都属于葫芦科。葫芦也是一种瓜，有些品种的嫩葫芦还可以吃，但是吃起来味道比较淡。

下面介绍葫芦科的四种瓜——冬瓜、西瓜、南瓜和北瓜。

为什么是"冬瓜"，不是"东瓜"?

冬瓜的"冬"并不是东西南北的"东"，而是冬天的"冬"。是因为它在冬天成熟吗？不是。冬瓜是在温暖的季节成熟的。我们叫它"冬瓜"，是因为它的表皮上有一层白粉。如果你摸一摸它的表皮，会发现白色的粉末会掉。白色粉末是一层蜡粉，看上去像下了一层霜一样，有冬天的感觉，所以人们才叫它"冬瓜"。

冬瓜

西瓜的名字是怎么来的呢?

西瓜

西瓜的"西"跟方向有关系，它确实是从西方传来的水果。西瓜是从哪儿传来的？是西域。我们常说的西域，指的是中东地区以及我国的新疆一带，西瓜就是从那边传过来的。

西瓜的祖先并不在中东地区，它最早的产地是非洲。西瓜的祖先是在非洲的荒漠里，直接趴在沙子上生长的。所以西瓜特别喜欢炎热干燥、沙质土壤的环境。除了非洲，还有什么地方是这种环境呢？那就是中东、中国新疆等炎热、干燥的沙漠或者荒漠地区。西瓜传到这些地方之后，人们进行了栽培，后来，在宋朝的时候，又从西域传到中国的中原地区。所以我们就叫它"西瓜"。

有人说西瓜是汉朝张骞出使西域时带回来的。其实这是不对的。因为张骞出使西域的时候带回来很多农作物，所以后来只要是从西方传过来的水果，人们都认为是张骞带回来的。实际上，西瓜一直到宋朝才有确切的记载，和张骞并没有关系。

南瓜的名字是怎么来的呢？

南瓜确实是从南边传入中国的。南瓜的"老家"在哪儿？在美洲。自古以来，美洲的人跟亚洲、欧洲来往得较少。直到 1492 年，哥伦布发现了新大陆，美洲的各种各样的农作物才得以传到欧洲和亚洲。所以在哥伦布发现新大陆之前，只有美洲人在种南瓜，世界上其他地方的人是不知道这种植物的。南瓜被哥伦布带到欧洲，后来又被带到菲律宾，又从菲律宾传入中国。家里有世界地图的话，你可以看到，菲律宾在中国的南边。南瓜进入中国以后，又从南方传到了北方。当时正是明朝，人们一看，这个瓜是从南方一路过来的，就叫它"南瓜"了。

你再看看世界地图，在上面找出美洲。在美国的南边有一个国家叫墨西哥，那里是南瓜的大本营。按照前面所说的路线，你可以在地图上画一画，看看南瓜是如何传入中国的。

到底有没有北瓜呢？

在中国，各地的"北瓜"往往都不一样。有的地方管南瓜叫北瓜，在他们眼里，南瓜和北瓜指的是同一个东西；有

南瓜

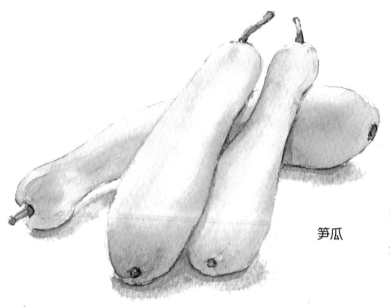

笋瓜

的地方管西葫芦叫北瓜或菜瓜，这种瓜可以直接切成片炒菜吃；有的地方管笋瓜叫北瓜；还有的地方根本就没有北瓜这种叫法。

为什么这么乱呢？其实，是这样的：在科学上南瓜属于葫芦科里一个叫南瓜属的小家族，南瓜属大约有25种，我国引入栽培的有3种——南瓜、笋瓜和西葫芦。这三个成员长得非常像，有的南瓜长得特别像笋瓜，有的笋瓜长得特别像南瓜，有的西葫芦又长得特别像南瓜和笋瓜。普通人一眼很难辨认出来。

有人说西葫芦和南瓜差别很大，西葫芦皮是浅绿色的，很薄，可以连皮一起切片吃；南瓜又大又黄，而且还硬，里边的肉是面面的，怎么会区分不了呢？因为西葫芦会长成各

不可思议的花草树木

种样子，其中有一些长得非常像南瓜，两者就不容易区分了。

南瓜属的第二个成员——笋瓜，跟南瓜一样也来自美洲，但它不是来自墨西哥，而是来自南美洲的安第斯山。它跟南瓜属的第一个成员——南瓜可以算是前后脚来到中国的，不过它们是通过不同的道路传入的。南瓜是从菲律宾传到中国南方，再到中国北方，从南到北。笋瓜传到中国有两条路，一条路是从西南方进入中国，还有一条路是从朝鲜半岛先进入中国北方，然后再来到中国南方。

对于很多南方人来说，笋瓜就是从北方传过来的一种瓜，所以就很自然地叫它"北瓜"了。而笋瓜跟南瓜长得又特别像，而且大家经常分不清它和西葫芦，所以中国各地就出现了把这三种瓜都称为"北瓜"的现象。

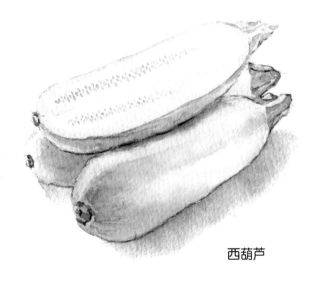

西葫芦

怎么区分南瓜、西葫芦和笋瓜呢？

告诉你一个小妙招，就是通过它们的瓜柄来区分。什么是瓜柄？就是瓜的一头会伸出一个把儿，这个把儿是连在藤上的。这三种瓜的把儿是不一样的。

南瓜的瓜柄根部特别宽，然后往上突然收缩，收得很细，看上去像一个小喇叭倒扣在瓜上一样。西葫芦的瓜柄很粗壮，而且它上边有好几道棱儿，不是圆柱体。笋瓜的瓜柄是直上直下的圆柱体，上面多粗，根部就多粗。但有些品种经过人为培育，特征不明显，看上去模棱两可，怎么办？

还有个办法，就是看瓜脐。瓜的一头是瓜柄，另一头就是瓜脐，瓜脐像一个肚脐眼儿。南瓜脐特别大，是个大坑；笋瓜脐特别小，是个小鼓包；西葫芦脐个头儿居中，是个不大不小的鼓包。只要仔细观察、分辨，相信你很快就能分清南瓜、西葫芦和笋瓜了。

我的自然观察笔记

　　小朋友，跟大人去菜市场买菜的时候，找找冬瓜、西瓜、南瓜，看看它们有什么不同。

　　观察完毕后，请选择一种自己喜欢的瓜，将它画在下方空白处吧！

种西瓜籽会不会长出新西瓜呢？

不可思议的花草树木

夏天，大家都爱吃西瓜。西瓜虽然好吃，但有一个缺点，籽太多，吃的时候总要吐籽。你会把西瓜籽吐在哪里呢？爸爸妈妈可能会让你吐在一张纸上，然后包起来扔掉。还有的小朋友比较调皮，会把它吐在花盆里。过一段时间，花盆里可能会冒出像豆芽一样的小苗，小苗顶端有两片圆圆的小叶子，这就是西瓜的幼苗。

花盆里的西瓜幼苗为什么很容易死?

我小时候，我们家的花盆里也长出过很多西瓜幼苗。我观察了它们很多天，发现它们一直只有那两片小叶子，不长新叶，但是叶子下的杆越长（zhǎng）越长（cháng），像一棵

西瓜

在沙质土壤中种植的西瓜

特别大的豆苗。后来这个杆长着长着断了，西瓜苗也就死了。我还发现，小幼苗的杆都冲着窗户的方向长。为什么会这样呢？

长大以后学习了科学知识我才知道，其实这些幼苗是在追光。西瓜的幼苗非常喜欢阳光，室内的阳光对它来说太弱了，它要追更强的阳光。什么地方的阳光强呢？当然是窗户外边阳光强。所以，这些幼苗把自己的杆伸得特别长，希望能让顶端的叶片接触到窗外的强烈阳光。可是我家的花盆离窗户很远，幼苗还没有伸到窗外，就耗尽了种子里的营养，之后就死了。

想要西瓜幼苗继续长大，最后长出西瓜，要怎么做呢？我们要让幼苗所在的环境变成让它最舒服的环境。

对于西瓜来说，什么样的环境是最舒服的呢？我们回想一下，西瓜的祖先生活在非洲的沙漠里，那里天气炎热干燥，又有太阳暴晒。从早上太阳一出地平线就开始晒西瓜苗，一直晒到太阳落山。沙漠里没有任何的树或其他东西可以为西瓜苗遮阴。可见西瓜苗是非常喜欢暴晒的。

　　另外，西瓜的祖先生活在沙漠里，所以它喜欢掺有很多沙子的土壤。黏糊糊的烂泥巴或者硬硬的黄土都不适合它生长。

　　有一天我突发奇想：既然西瓜需要这样的条件，那我就创造这样的条件，看看它能不能长出西瓜。当时，正好我家

种下的西瓜籽和长出的西瓜苗

西瓜的藤蔓

露台上有一个大花盆，盆中的土里掺了很多细沙。我特意把西瓜籽吐在这个花盆里，想看一下西瓜籽能不能长出西瓜来。

后来，花盆里果然长出了一棵幼苗，而且幼苗不再追光了，因为这个花盆所在的露台的阳光非常好，从太阳出来一直晒到太阳落山，这样的日照对它来说足够了。小苗开始长大，长出更大的叶子，长出长长的藤蔓，开出黄色的小花。最开始的几朵花凋落了，我心想肯定结不了西瓜了。谁知，终于有一朵花的后面长出了果实。这个果实越来越大，最后长成了一个比较大的西瓜。等到西瓜成熟了，我们把它摘下来切开，里边又红又水灵，吃起来还特别甜。家里人都特别高兴，这是我们用西瓜籽亲手种出来的西瓜。

想用吃剩的西瓜籽种出西瓜，需要满足什么条件？

第一，阳光要充足，一定要把西瓜籽种在室外，最好能种在地里。因为在大地上生长的西瓜是长得最好的，比在花盆里长得好得多。

第二，种瓜的土壤里要掺杂很多细沙。

第三，要在足够温暖的时候种，别在冬天种，最好在春末种，这样西瓜在夏天就成熟了。

第四，在种之前最好先把西瓜籽洗一洗。刚把籽吐出来的时候，你可以摸一摸它，会发现它滑溜溜的。西瓜籽的表面除了有你的口水，本来就有黏液。黏液的作用是防止西瓜籽过早地发芽，相当于给西瓜籽盖上了小被子，西瓜籽就在被子里睡觉。如果不让它睡觉的话，它可能在西瓜里就忍不住发芽了。

太阳一照，西瓜里边很暖和，周围又是充满水分的西瓜肉，有温度，又有水分，西瓜籽想："那我就发芽吧！"西瓜籽在西瓜里面发芽，肯定活不了。为了避免西瓜籽在西瓜里发芽，西瓜在西瓜籽的表面涂了一层黏液，让它在里边睡觉。

黏液什么时候会掉呢？动物或者人类吃西瓜时，把西瓜籽吞到肚子里，西瓜籽在肚子里被消化的时候，这层黏液就会被去掉。然后，西瓜籽再被人或者动物拉出来，拉出来的西瓜籽表面就没有黏液了，这个时候正适合它发芽，西瓜籽也就醒了。"我终于从西瓜里出来，落到土里了，终于可以发芽了！"

只有把西瓜籽的黏液洗掉，西瓜籽才会发芽。这就是为什么我在花盆里吐了不少的西瓜籽，最后只有一粒成功发芽，并且长出了西瓜。因为我当时没有清洗西瓜籽，导致很多西瓜籽还在继续睡觉，没有发芽。

市场买的大西瓜是怎样种出来的呢？

农民伯伯确实会用西瓜籽种西瓜，但是他们不是随便切开一个西瓜，用里面的西瓜籽直接播种，而是去种子站买种子播种。

种子站是专门卖种子的商店，那里卖的西瓜种子是优选过的。用这些种子种的西瓜，能长得非常好、非常大。

还有，农民伯伯经常把长出来的小西瓜苗切下来，嫁接到南瓜、葫芦或者冬瓜的苗上。"嫁接"是一门农业技术，就是把一种植物跟另一种植物对接在一起，然后它们慢慢地连成一体，变成一棵植物。西瓜的小苗常常被嫁接到南瓜、葫芦或冬瓜的小苗上，这是为什么呢？

这是为了避免连作障碍。如果在一片地里连续几年都种西瓜，你会发现它们长得一年比一年差。这是因为西瓜在生长的时候会向土壤里释放一些物质，这些物质对瓜苗是有害的。接连种西瓜，这些有害物质会越来越多。这是西瓜本身的一个小缺点。第一年种过西瓜的地里，第二年、第三年就不适合再种西瓜了，只能种别的作物，别的作物种几年之后，才能再次在这块地里种西瓜。

如果你把西瓜苗嫁接在其他瓜苗（比如南瓜苗）上再进行种植，就相当于南瓜苗替西瓜苗扎根在土里，地下的根是南瓜的，地面上的苗是西瓜的。南瓜没有连作障碍，把西瓜苗嫁接在南瓜苗上，就能每年都在同一块地里种西瓜了。所以，农民伯伯种西瓜也是非常有技术含量的，不是随便吐一粒籽就能种出市场上又大又圆的西瓜的。

不可思议的花草树木

我的自然观察笔记

　　小朋友，吃完西瓜不要急着把籽扔掉，可以按照书中介绍的方法，将西瓜籽埋在花盆里，看看能不能发芽。

　　如果长出了幼苗，就请为它拍一张照片或者画一幅画，贴在下面的空白处吧！

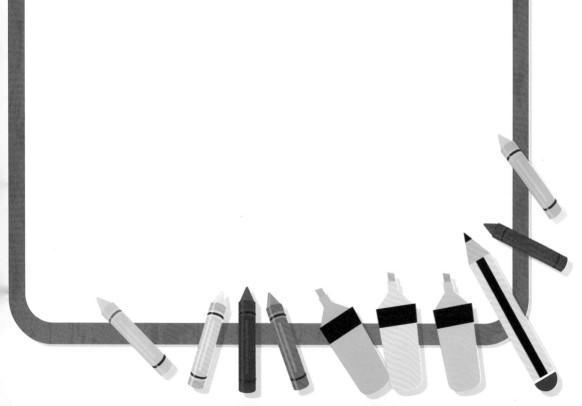

我们可以摘野花吗？

不可思议的花草树木

我们在生活中经常见到花，很多小朋友也喜欢花。春天，爸爸妈妈带你去公园或野外时，你常常会见到一种行为——摘花。你摘过花吗？

爸爸妈妈还有老师可能和你说过，在公园里不能摘花，那样是不文明的。公园里种的花是给大家看的，你摘了之后别人就看不到了。所以公园里的花确实不能摘。

如果你跟着爸爸妈妈去山里玩，尤其是去大草原或者高山草甸，看到一大片的野花，你还能忍住不摘花吗？

到了那儿，别说小朋友，就是大人，也会忍不住摘花的。他们会把花摘下来，拿着拍照或者编成花环戴在头上，但是这种行为并不合适。和在公园里摘花一样，这也是不文明的！而且，这比在公园里摘花还要恶劣。为什么呢？

因为公园里的很多花是临时栽种的。你去花坛，扒开上面的叶子和花，会发现花是种在一个个黑色软塑料小花盆里的。园林工人把它们连盆埋在地里，一盆挨着一盆，这样可以用花拼出图案。凡是这样种的花都是临时生长在这里的。

漫山遍野的野花

过几个月，花谢了，园林工人还会把它们再挖出来运走，换一批新的花。公园里很多花都仅仅是一种人造景观。

即使这些花是人造景观，你也不能去摘它们，因为它们是给大家看的。我们不摘，是出于社会公德心。

我们为什么要保护野生植物？

保护野生植物，除了出于公德心，这更是我们的责任。我们到山上或草原上去时，我们是客人，那些花朵才是主人。

公园里的花坛

在人类还没有诞生之前，它们就已经长在那里了，所以我们是到它们的地盘做客。公园是我们在自己的地盘欣赏我们创造出来的景观。所以去公园和去山上的心态，应该是不一样的。

公园里的花，即使你把它摘了，园林工人过段时间还会换上新的花来给你看，可一旦你把山上的花摘走了，是没有人去换新花的，摘走一朵就少一朵，只能靠植物自己努力繁殖来弥补。但是，它们繁殖的速度很慢，而且花朵本来就是植物的繁殖器官，你摘了它，植物还怎么繁殖呢？如果这座山上游客很多，你摘一把，他摘一把，一片山坡很快就秃了，植物可能要花十几年或者几十年才能再让这一片山坡开满花。在这期间，蜜蜂、蝴蝶也会吃不到花蜜，所以摘花不仅会伤害花，还会伤害别的生物。

再者，高山和草原上的花都是非常脆弱的，那儿的生态也非常脆弱。不要以为你只是摘了几朵花而已。你摘几朵，我也摘几朵，这个地方慢慢地就不会再开花了。而且我的经验告诉我，游客在野外采摘的花里有许多都是我们国家的濒危植物。中国有很多独特的野生花卉，但是我们并没有珍惜这些宝贝。比如北京的山上就有一种濒危的大花杓（sháo）兰，还有其他一些非常稀有的兰花，经常被人随便地采摘，令人痛心。

大花杓兰

植物开花要消耗很多营养，可以说开花对很多植物来说，是一件很累的事，它们辛苦生长一辈子就是为了开花、结果、繁衍后代。所以，你把它的花摘了，那它的努力就白费了。

远古时代植物非常繁盛，也没有游客，一两个人摘几朵花是无所谓的。但是，当今世界，人太多了，对自然的破坏太大了，野生植物已经被我们逼到了深山老林里，我们去那

不可思议的花草树木

里旅游时还摘它们的花，是不是就不合适了？所以，作为生活在今天的小朋友，我们要以更高的标准来要求自己，要做得比古代人，甚至比你的爷爷奶奶、爸爸妈妈更好，管住自己想摘花的小手。

特别喜欢花，我们可以怎么做？

摘花对我们并没有什么作用。很多人摘花只是为了拿在手里看两眼或者戴着花环拍张照。但是你可以观察一下，一朵花在你摘它之前是非常美的。你把它摘下来之后，过五分钟再看一看，会发现花瓣开始蔫了；闻一闻，它没有刚才那么香了。再过几分钟，花完全耷拉下来了，香味也没有了。你看到花朵在手里慢慢变蔫，心情也不好，对不对？

如果你想跟这些野花合影怎么办？如果是矮小的花，你可以蹲在它们旁边，把脸贴近这些小花拍照；如果是高大的花，你可以用胳膊把它们轻轻地拢在怀里，让爸爸妈妈给你拍照。这样你既和花合影了，又保证了它们依然美丽、芬芳，因为你并没有伤害它们。

　　你拍完照之后，就让它们继续在阳光下生长。这样你的心情好，对大自然也好。

我的自然观察笔记

　　每一朵小花都是大自然的珍宝，小朋友，下次在公园看到花的时候，请停下脚步仔细观察，看看它是什么花，什么形状，什么颜色，再闻闻它的气味。

　　等回家后，请将你观察到的内容写在下面吧！

植物可以吃掉虫子吗？

不可思议的花草树木

你听过食人树的故事吗？传说食人树是一种很高大的树，上面长着很多长长的卷须，人靠近的时候，这些须子就会把人缠住，然后把人吃掉。

食人树并不是真实存在的一种树，它是欧洲人在殖民时代探索非洲时流传出来的一个夸张的故事。其实世界上没有能把人吃掉的植物。但是，有些植物可以吃一些小动物，比如昆虫。这类吃虫子的植物，我们就叫它"食虫植物"。

世界上有哪些食虫植物呢？

第一个就是捕蝇草。捕蝇草可以说是最著名的食虫植物了，它原产于北美洲一块非常狭窄的地方。你可能见过它的形象，就是叶片变成了一张血盆大口，上面还长着很多像牙齿一样的尖刺。一旦有苍蝇飞到大嘴中间，嘴就会突然关上，把苍蝇关在里边，然后慢慢地消化。

捕蝇草是通过什么方式感知到虫子飞进夹子里的呢？

有的花鸟市场会卖捕蝇草。你去逛花鸟市场的时候，看

捕蝇草

到捕蝇草，可以仔细观察一下它张开的大夹子，会发现在夹子中间部位长着一些小毛，这些小毛叫作感觉毛，感觉毛就是用来感受猎物的。而且感觉毛还会数数，如果你拿一根小牙签或者其他东西碰一下小毛，你会发现碰第一次的时候，夹子并不会合起来，你要连续碰两次，夹子才会突然关上。

捕蝇草是通过什么机制数数的？科学家经过多年研究，到今天也还是没有完全揭开它的秘密。

捕蝇草这样做的目的是什么呢？现在基本上有定论了。数数是为了防止平时雨滴或者别的东西碰到夹子，比如风刮来一片小树叶，蹭一下夹子又飞走了。如果捕蝇草为了这些东西合上夹子，那就不值得了。只有活的猎物进入夹子，才会不止一次地碰触捕蝇草的感觉毛。所以，捕蝇草数着次数

不可思议的花草树木

闭合夹子就是为了保证进到夹子里来的是活生生的猎物，避免不必要的闭合。这样就大大提高了捕猎效率。

第二个是猪笼草。猪笼草生长在热带地区，广西、海南就有野生的猪笼草。

猪笼草叶片的前半部分是一个小瓶子的形状。小瓶子上面有一个盖子，但是盖子并不会合上。有的书上会写虫子飞到瓶子里之后，盖子啪的一声关上了，那是不对的。猪笼草的盖子是关不上的，一直那样半开着，半挡着下边的瓶口。盖子的作用是防止下雨的时候雨水灌满瓶子，那样它就没办法再抓虫子了。盖子同时也能防止落叶之类的杂物掉到小瓶子里。

猪笼草会在瓶子里分泌一些消化液，而且它的瓶口非常光滑。小虫子会被它分泌的蜜汁吸引，一旦在瓶口站不住就会掉到消化液里。

还有一种生活在东南亚热带雨林里的猪笼草，叫苹果猪笼草。它的小瓶子非常可爱，圆圆的，像小苹果一样。它的盖子是完全敞开的。苹果猪笼草不怎么吃虫子，它敞开瓶子，

猪笼草

是为了让瓶子里装满雨水。然后枯枝、落叶掉到瓶子里，被水一泡就发生分解，分解出来的营养就被苹果猪笼草吸收了。所以，苹果猪笼草对小虫子是非常友好的，某些种类的蚊子甚至青蛙会将卵产在苹果猪笼草的积水里，让卵在里面生长。

澳大利亚还有一种植物叫土瓶草。你看到土瓶草的时候，可能会说这肯定是猪笼草的同类，因为它长得和猪笼草太像了，像迷你版的猪笼草。猪笼草往往会长得很大，但是土瓶草只有巴掌大小。土瓶草的捕虫瓶很小，贴着地面生长，非常可爱。土瓶草和猪笼草实际上没有任何亲戚关系。它们完全是在不同的地区，为了同一个目的——抓虫子而各自进化出了相同的形态，是一种不约而同的行为。这种行为叫"趋同进

土瓶草

瓶子草

化"，就是两种根本没有关系的物种，为了同一个目的，最后长成了差不多的样子。

还有一类植物叫瓶子草。猪笼草是一种藤蔓植物，枝条非常长，枝条上长出一片一片的叶子，叶子前端变成捕虫瓶。而瓶子草长得有点儿像猪笼草，但是，瓶子草的茎非常短，看上去就像直接从地面上长出一个又一个的捕虫瓶。它的捕虫原理与猪笼草类似，也是让虫子掉到自己的瓶子里。瓶子草和猪笼草也不是亲戚，但长得很像，这也是趋同进化。

水里也有食虫植物——狸藻。狸藻的叶片附近长了很多小小的捕虫囊，捕虫囊就像一个小气球一样。你在显微镜下看这些小捕虫囊，会发现捕虫囊上面也有一个盖子。这个盖子什么时候打开呢？当水里的浮游生物游到盖子旁边，碰到盖子的时候，盖子的机关就被打开了。盖子突然弹开的时候会形成一股吸力，吸力可以把小虫子吸到自己的捕虫囊里，然后盖子再关上，虫子就被关在捕虫囊里，慢慢地被消化。

我在北京奥林匹克森林公园的水里就捞到过一种狸藻——黄花狸藻。我把它养在鱼缸里，鱼缸里有一个充气泵，充气泵会往外冒气泡，这是给鱼补充氧气用的。我发现一个一个小气泡碰到狸

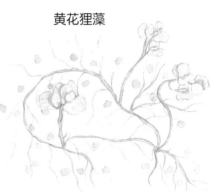

黄花狸藻

藻的捕虫囊之后，也被狸藻当成小虫子抓住了。只需一会儿，狸藻的每个捕虫囊里都抓了一个小气泡，很好玩儿。

狸藻有一个亲戚叫捕虫堇，它的外形像一朵莲花，叶片厚厚的，很像多肉植物。不过，它比多肉植物小很多，而且它的叶片上有一个一个的小绒毛，每一个绒毛上都顶着一颗小黏液珠，这样虫子爬过来之后就被粘在了黏液上。我去瑞士的时候，在山上看到了野生的捕虫堇，叶片上粘满了各种各样的小虫子。

还有一种和捕虫堇类似的植物——茅膏菜。茅膏菜的叶

不可思议的花草树木

片上也长了很多小毛，毛上面有黏液，但是茅膏菜的绒毛是红色的，看上去红艳艳的，非常漂亮。有的茅膏菜粘上虫子之后，还会把叶片卷起来，相当于把虫子包起来了，避免虫子挣脱，这有点儿像捕蝇草。

茅膏菜

为什么这些植物都要抓虫子吃呢？

这是因为这些食虫植物生长的地方土壤非常贫瘠。不只沙漠或者荒漠贫瘠，其实在一些很湿润的地方土壤也很贫瘠，比如有一种生态系统叫泥炭湿地，这种湿地是一片沼泽地，但是沼泽地上长满了一种苔藓——泥炭藓。泥炭藓一层一层地生长，长得非常厚，这样会导致地面几乎没有土壤，也就没有营养了。

长在这些地方的植物为了补充营养，进化出了能抓虫子

鱼缸里的黄花狸藻

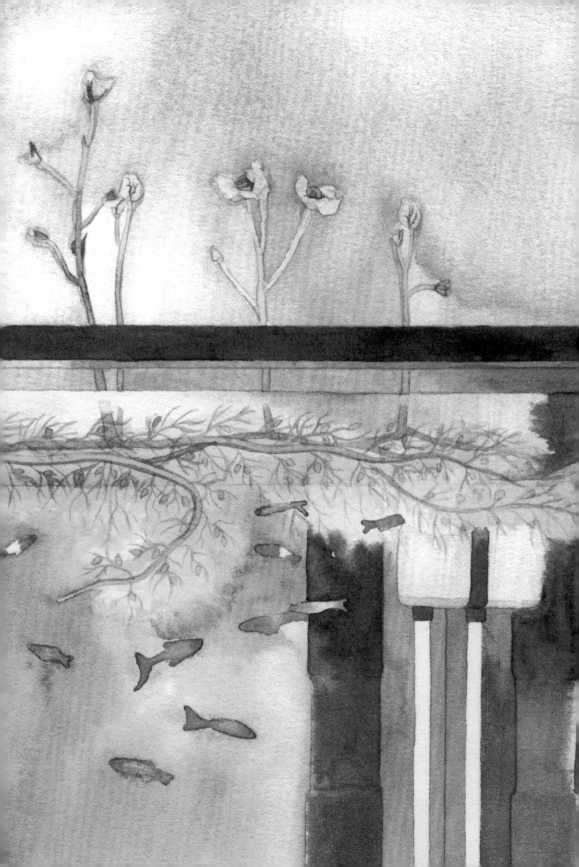

的器官。但是，食虫植物抓虫子只是作为一种营养的补充，并不是它不抓虫子就活不了。食虫植物爱好者都知道，不能特意给这些植物喂虫子吃。它们能抓到虫子就吃，抓不着也没关系。如果特意扔很多虫子给它们吃，它们是消化不了的，消化不了的虫子腐烂后会伤害植物的根部。

如果你自己养食虫植物的话，给予它适量的阳光和水分就可以了，不用特意喂它虫子，也不用施肥。在有些虫子特别多的地方，养食虫植物的人甚至要用棉花塞住瓶子草的瓶口，避免瓶子草捉到的虫子太多消化不了，导致虫子腐烂，叶片也跟着腐烂。所以，大家要记住，食虫植物不是没了虫子就活不了，它们只是把虫子当成零食。

我的自然观察笔记

小朋友，去逛花卉市场的时候如果看到捕蝇草，请停下来仔细观察，看看它张开的捕虫夹是不是很像贝壳呢？

观察完毕后，请在下方空白处将捕蝇草的捕虫夹画出来吧！

无花果到底有没有花呢？

不可思议的花草树木

你吃过无花果吗？我小时候先吃的是无花果晒成的果干，当时觉得无花果干特别好吃，直到现在印象还很深刻。后来我吃到了新鲜的无花果，果肉又甜又软，也非常好吃。

西方人喜欢用无花果配肉吃，比如一盘烤肉旁放一个切开的无花果，吃完肉后再吃无花果，会特别解腻。

我国种植无花果的地区主要是新疆、山东、北京等地。无花果树有时候会种在路边或庭院里。一般的植物在结果之前，必须先开花，没有花是结不出果实的。但我们从来没有看到过无花果树开花，无花果树就像吹气球一样，长出一个个果子。

无花果到底有没有花呢？

其实无花果属于开花植物，它是开花的。我们看不

树上的无花果

到花是因为它把花藏起来了。无花果的花藏在哪里呢？就藏在我们吃的果实里。我们吃的无花果其实并不是它的果实，而是它的花序。花序是植物开花集中的部位，无花果的花序是隐头花序。

隐头花序是什么呢？我们可以先回想一下向日葵的花，是不是像一个大脑袋？这个大脑袋其实不是一朵花，而是一个花序。中间长瓜子的地方其实是无数的小花，我们细看的话，它们像一个个小管子，所以叫管状花。外边那一圈黄色的大花瓣是另一种形式的花，它们像一条条黄色的小舌头，叫舌状花。所以向日葵的大脑袋是一个由无数的管状花和舌状花组合成的花序。

无花果

如果把向日葵的舌状花想象成一张包子皮，中间的管状花是包子馅儿，用包子皮把馅儿包起来，这些馅儿，也就是管状花就被包在里边了。这样从外边看，你就看不到这些管

不可思议的花草树木

状花了。

　　无花果的花序就是这样包成包子的花序。无花果的形状就像一个小包子，里面一粒粒的"馅儿"就是它的小花。向日葵的花序像个人头，所以我们把向日葵的花序叫"头状花序"。而无花果的花序把花隐藏到里面了，所以我们叫它"隐头花序"。

除了无花果，还有哪些植物的花是隐头花序呢？

　　无花果所在的家族隶属于桑科榕属。南方路边种的榕树也是桑科榕属，所以无花果跟榕树是亲戚，榕树长出来的花序，也是像无花果这样的隐头花序。它们为什么都爱把自己的花隐藏起来呢？因为这些花不是开给所有的传粉昆虫看的。大部分植物都希望昆虫能看到自己的花，然后飞过来为它传粉。但是各种榕树并不想让所有的昆虫都来传粉，它们只跟一些特定的小虫子合作，这些特定的来传粉的小虫子叫榕小蜂。

榕小蜂是蜜蜂和马蜂的亲戚。榕小蜂种类很多，个头儿都特别小，也就针尖那么大，它们已经和榕树形成了非常紧密的关系。一种榕树往往只接受一种榕小蜂的传粉，一种榕小蜂也只给一种榕树传粉，它们已经匹配到了这种程度。所以，为了阻止其他的昆虫干扰这种匹配，榕树就把自己的花藏起来了。

无花果和榕小蜂

榕小蜂是怎么跟榕树合作的？

它们分两种情况合作。

第一种情况是大部分榕树的授粉方式。大部分榕树的榕树果里，都既有雄花，又有雌花。花快开的时候，榕树果的顶端就会出现一个特别小的洞，正好能让榕小蜂钻进去，别的虫子无法进入。如果榕小蜂已经在别的榕树果里待过，那它身上就会粘有其他榕树果的花粉。它钻进来后，身上的花粉就会掉下来，为榕树果里的花授粉。

除了授粉，榕小蜂还会把卵产在榕树果里，让孵出来的幼虫吃榕树果的花。但是，幼虫不会把所有的花都吃掉，只吃一部分，这部分是榕树特意留给榕小蜂的。剩下的花会结果，结出一粒粒特别小的果实。这样榕小蜂既繁殖了后代，也为榕树传播了花粉，使榕树成功结果。

第二种情况是少数榕树的授粉方式。这些榕树的榕树果分雌性果和雄性果。雄性果是榕树专门为榕小蜂预备的。

一开始雌性果和雄性果长得一模一样，榕小蜂也分不出来，所以它逮着一个果子就往里钻，如果钻进了雄性果里，那它就走运了！因为雄性果的花特别适合它产卵，幼虫孵出后就以果肉为食，直到变成成虫飞走。如果榕小蜂钻进去的果子是雌性果，那就比较麻烦了，因为雌性果的花的形状很奇怪，榕小蜂没有办法在里面产卵，这样榕小蜂会急得到处爬，爬的时候它身上的花粉会掉下来，也就为雌性果里的花授粉了。这类榕树的想法是专门用一部分果子来养活榕小蜂："这些果子给榕小蜂吃，剩下的果子专门结种子用，只让榕小蜂授粉。"

榕树和榕小蜂的复杂合作关系，从白垩纪就已经开始了！

如果你去西双版纳的热带雨林里，看到榕树上结了榕树果，可以掰开一个看看，经常可以看到里边有很多小虫子，那就是榕小蜂。它们和榕树已经谁也离不开谁了。一旦我们破坏大自然，让一种榕树灭绝，那么与这种榕树相匹配的榕小蜂也会跟着灭绝。所以大家一定要保护大自然。

有的小朋友可能会想，榕树果里有榕小蜂，那无花果里是不是也有虫子？以后不吃无花果了！不用担心，因为市面上卖的无花果都是经过多年的人工培育，是不需要榕小蜂给它传粉的。而且那些给无花果传粉的榕小蜂，在中国绝大部分地区都是不存在的。所以市面上的无花果里是不会有榕小蜂的，大家可以放心吃。

不可思议的花草树木

我的自然观察笔记

　　小朋友，请你找来一个无花果，先看看它长得是不是像个小包子，再将它剥开看看它里面长什么样子。

　　观察完毕后，请在下方空白处把无花果的内部结构画出来吧！

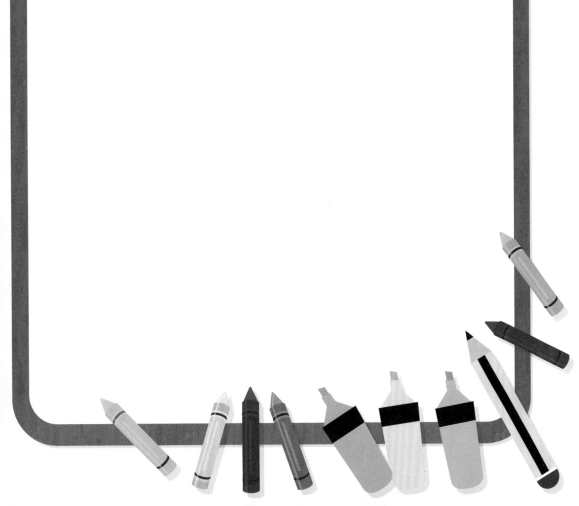

有靠空气就能活的植物吗？

不可思议的花草树木

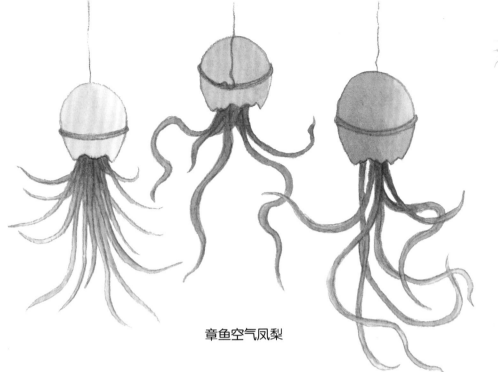

章鱼空气凤梨

近几年花鸟市场有一种卖得很火的植物——空气凤梨。店主会把它放在小弹簧里，直接摆在桌上，或者用线挂起来，并不会把它种在花盆里。它的叶片放射性地往外生长，有点儿像过年放的烟花，有的还开出了紫色的花。店主可能会告诉你，这种植物只靠空气就能活，是"懒人"植物！这是真的吗？

空气凤梨会结出菠萝吗？

不会。凤梨科是植物里一个很大的科，这个科有我们吃的菠萝，更多的是结不出菠萝的凤梨。空气凤梨虽然结不出菠萝，但它确实是菠萝的"亲戚"。

空气凤梨的"老家"在美洲。它确实不用在土里生长，因为它是一种附生植物。什么是附生植物？就是附着在其他物体上生长的植物。这里的"其他物体"，可以是悬崖上面的石块，也可以是大树的树干和树枝，甚至有一些空气凤梨，还会附着在电线上。线路工人每隔一段时间就要去清理空气凤梨，要不然它们长得太多，会把电线压坏。

像这样的附生，其实是植物的一种生存智慧。它们不跟地上其他的植物竞争，直接长在树上或者石头上。在这些地方，没有别的植物跟它们竞争，它们可以好好生长。但是它们要付出的代价就是：没有土壤为它们提供营养，这样一来，它们的根渐渐变得不重要了。空气凤梨还会长根，但它们的根不再负责吸收水和营养，而是变成了牢牢抓住树皮、石块，把自己固定在这些东西上的工具。

空气凤梨靠什么吸收水和营养呢？

空气凤梨靠叶片上的鳞片来吸收水和营养。我们从远处

空气凤梨的白色鳞片

看空气凤梨的叶片时，会发现它泛着一层银光。如果我们用放大镜近看的话，会发现这些银白色其实来自一片一片的小鳞片，它们叠在一起就会显出银白色。

如果你在鳞片上滴一滴水，会发现水马上被鳞片吸收了。每当下雨的时候，这些鳞片就会帮空气凤梨吸饱水，这样它就不必用根吸水了。如果水里有一些营养物质，也会直接被叶片吸收。空气凤梨就是这样生活的。它只需要雨水、阳光，还有随风飘来的一些物质，比如尘土、从大树上落下来的鸟粪、枯枝落叶等。

因此，空气凤梨并不是只靠空气就能活的植物，它们只是不需要土壤而已。世界上没有只靠空气就能活的植物。

如果你把一株空气凤梨带回家，不要把它种在土里。你可以拴根绳子把它挂起来，或者用胶水把它粘在别的地方，比如木头上。然后把它放在光照充足的地方，每隔一段时间给它喷喷水。我更喜欢的养护方法是找一个脸盆接上水，把空气凤梨放在脸盆里涮一涮，这样它吸水更均匀；涮完之后放回原处摆好，让它晒太阳。这样养，它就可以顺利长大。

空气凤梨确实是一种"懒人"植物，因为它不用种在花盆里，不用给它松土、施肥，所以世界各地的人都开动脑筋，给它搭配各种东西，把它变成非常好玩儿的小玩具。比如把空气凤梨的根部塞到空的鸡蛋壳里，然后把它倒挂起来，就做成了一个小章鱼；把空气凤梨放在半个核桃壳里，然后在核桃壳上粘一小块磁铁，把它吸到冰箱上，它就成为一个植物冰箱贴。

我在家里是这样"玩"空气凤梨的：我在一块枝杈特别多的木头上用胶粘满了空气凤梨，这样它就成为一棵"空气凤梨树"。

养空气凤梨还有两大好处：第一，哪里都能摆，用不着花盆，所以非常省空间。我把它们粘在木头上，只要一块木头的空间就行了。第二，干净，因为空气凤梨用不着土壤，又不怎么掉叶子，所以怎么折腾都不脏。

另外，空气凤梨每年还会开花。它开花的时候是什么样

开花的空气凤梨

子呢？当你发现空气凤梨顶端的叶子开始变红时，它就要开花了。空气凤梨的花是很小的紫色花，几乎看不到花瓣。为

了让远处的昆虫看到它的花，它就想了一个办法，就是把花周围的叶片变红。甚至有些空气凤梨开花的时候，整株植物所有的叶片都是通红的。这样，它的花虽然小，但因为整株植物都是红色的，所以昆虫在很远的地方就可以看到它，会飞过来给它传粉。我觉得空气凤梨通红通红的时候，就是它最美的时候。如果你认真养好一株空气凤梨，就有机会看到这种美丽的景象。

养空气凤梨需要注意两点：第一，一定要让它晒到太阳。没有太阳它就长不好，叶片也不会变红。第二，夏天的时候，要把它放在稍微阴凉一点儿的地方。因为夏天的阳光对它来说太强烈了。如果你在南方养空气凤梨，夏天空气太潮湿，也容易把它的叶片沤烂。如果叶片沤烂了，整株植物就死了。所以南方的小朋友在夏天的时候，要尽量把空气凤梨放在阴凉、干燥的地方，等到秋高气爽的时候，再把它拿出来晒太阳、正常浇水就可以了。

我的自然观察笔记

　　小朋友，有没有发现空气凤梨跟我们平常吃的菠萝的头部长得很像呢？仔细观察一下，看看它们的相同与不同之处，并试着将观察内容写在下面吧！

难道雨林里也有仙人掌吗？

不可思议的花草树木

提到仙人掌，大家会想到它是生长在沙漠里的，那么热带雨林里有仙人掌吗？

火龙果大家都吃过，那你知道火龙果长在什么植物上吗？很多北方的小朋友可能不知道。福建、广东和广西

火龙果

的小朋友可能见过。火龙果长在一种仙人掌上，是一种雨林仙人掌的果实。切开火龙果之后，你会看到里边有密密麻麻的黑色种子。种子特别多是仙人掌果实的特点。

我曾经在福建的一个渔民家里见过火龙果树，它就是仙人掌的样子，一节一节，像绿色的大棍子一样，而且大棍子还会往墙上爬。它怎么爬呢？茎干上长出很多小根，它用这些像小手一样的根，紧紧地抓住房子的墙壁，一点点地爬到房顶上，等长大后开花结果。你可能要问了：仙人掌不都是在沙漠那样干旱的地方生长吗？福建、广东和广西，不是很

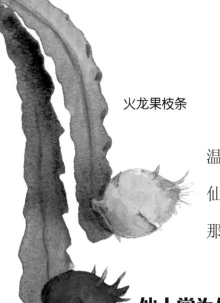

火龙果枝条

温暖、潮湿的地方吗？因为火龙果是一种雨林仙人掌，它的"老家"在中美洲的热带雨林里，那里就很温暖、潮湿。

仙人掌为什么能长在热带雨林里？

这要从仙人掌的"老家"说起。仙人掌的"老家"在美洲，美洲既有沙漠又有热带雨林。为了扩大自己的地盘，仙人掌决定：一部分小伙伴留下适应沙漠环境，另一部分小伙伴探索雨林环境。

仙人掌本身非常耐旱，它的茎干能储存很多水分，也不怕晒，它在沙漠里当然可以长得很好。尝试进入热带雨林的仙人掌就遇到了问题：热带雨林的树林底下没有阳光，阳光都被上面的大树挡住了，而且雨林天天下雨，地面很潮湿，仙人掌长在那里晒不着太阳，会被雨水泡烂。所以，仙人掌要进入雨林，就要改变生存方式。

于是它选择爬到树上长。为什么呢？因为爬到树顶上以

不可思议的花草树木

后，遮挡它的树叶少多了，它可以晒到太阳，而且也不用扎根在湿润的土里，根可以直接抓住树干，这样下完雨之后，根既能接触到水，又不至于被泡烂。就这样，中美洲和南美洲就出现了很多的雨林仙人掌。火龙果所在的仙人掌小家族就是雨林仙人掌。

雨林仙人掌用自己的根抓住大树的树干，然后从大树上悬挂下来，往下吊着生长。这又是为什么呢？

雨林仙人掌如果还像沙漠里的仙人掌一样向上生长，越长越长，根又没有扎在土里，只是抓住树，它的根能承受住吗？肯定不行。所以它们一般是悬挂下来生长的，往下吊的过程中，它的茎干上又会长出不定根。什么叫不定根？就是没有固定生长部位的根。长出来的不定根会抓住附近大树的树干，这样它就长得更稳固了。

热带雨林中大树的树干不像公园里的树干一样光秃秃的。热带雨林中，大树的树干上长满了苔藓，苔藓本身能够吸收一定的水分，所以这些树干也是潮湿的。雨林仙人掌的根扎在树干上，埋在苔藓之间，既能吸收水分，也不会过于潮湿。这样一来，雨林仙人掌就可以耐受潮湿环境了。

除了火龙果，还有哪些常见植物是雨林仙人掌？

有一种非常著名的植物——昙花也是雨林仙人掌。

昙花

昙花没有开花的时候，看上去就是一片一片绿色的大扁片。大扁片虽然看起来很像大叶子，但其实它是茎，只不过是扁平的。昙花的叶子已经退化，看不到了。昙花的茎会越长越长，所以很多人在家养昙花时，会搭一个架子，把它绑在架子上。而在热带雨林里，昙花都是从大树上垂下来生长的。

昙花还有一个特点，就是在夜里开花，而且开花时间很短，大概三四个小时花就蔫了，我们管这种现象叫"昙花一现"。这是为什么呢？这跟它在热带雨林的生存环境有关。昙花开放的时间是雨林里蛾子和蝙蝠出来活动的时间。

蛾子和蝙蝠一般会在晚上八九点出来。因为它们白天一直在睡觉，这个时候刚刚起床，精力特别旺盛，到处找花蜜吃。昙花选择在这时盛开，就是让蛾子和蝙蝠来吃花蜜，同时让它们帮助自己传播花粉。过了这段时间，蛾子和蝙蝠活动减少了，昙花也就不再浪费精力开花了，所以花就蔫了。

还有一种家中常养的植物——蟹爪（zhǎo）兰也是雨林仙人掌。

蟹爪兰的茎也是扁片状的，一节一节，看上去就像螃蟹的腿一样，所以叫蟹爪兰。我们从花市上买的蟹爪兰一般下边会有一个大树干，上面分出很多的小枝丫。其实下边的大树干原本并不是蟹爪兰的一部分，而是人们把它嫁接上去的。这个大树干也是一种雨林仙人

蟹爪兰

蝙蝠舔食昙花花蜜

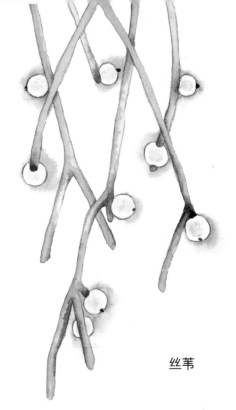

丝苇

掌，叫三角柱。三角柱生长力旺盛，比较强壮，人们把蟹爪兰嫁接到大三角柱上，让三角柱为蟹爪兰提供营养，这样蟹爪兰会长得更快。嫁接之后，蟹爪兰会开很多花，花期在春节前后，一般它的花都是红色的，看上去非常有节日气氛，所以很多人都喜欢养蟹爪兰。

如果你觉得昙花、蟹爪兰看上去不好看，不太喜欢，我给你推荐另一类雨林仙人掌——丝苇。丝苇有两种形态：一种像蟹爪兰一样有扁片状的茎，还有一种像一根小棍接着另一根小棍，一根根长成一大串，垂下来。这种丝苇挂在家里，看起来非常清新。丝苇开完花后，会结出一个个绿豆大小的小果子。小果子是白色半透明的，太阳光一照，晶莹剔透，特别好看。这些小果子能挂好几个月。后来我把果子摘下来，捏破了，果子里边跟火龙果一样，也有很多黑色的种子，还有白色的果肉。我尝了一下，味道是甜的。

我的自然观察笔记

小朋友，请你找来一颗火龙果，将它切开，看看里面的黑籽是不是跟黑芝麻长得很像。

观察完毕后，请在下方空白处将它们分别画出来吧！

图书在版编目（CIP）数据

小亮老师的博物课 . 不可思议的花草树木 / 张辰亮
著；夏婧涵等绘 . — 成都：天地出版社 , 2021.3
　ISBN 978-7-5455-6166-1

　Ⅰ . ①小… Ⅱ . ①张… ②夏… Ⅲ . ①博物学 – 儿童
读物②植物 – 儿童读物 Ⅳ . ① N91–49 ② Q94–49

中国版本图书馆 CIP 数据核字 (2020) 第 245577 号

XIAOLIANG LAOSHI DE BOWU KE:BUKE–SIYI DE HUACAO SHUMU

小亮老师的博物课：不可思议的花草树木

出 品 人	陈小雨　杨　政
作　 者	张辰亮
责任编辑	赵　琳　张芳芳
美术编辑	彭小朵　李今妍
封面设计	彭小朵
责任印制	董建臣

出版发行　天地出版社
　　　　　（成都市锦江区三色路238号　邮政编码:610023）
　　　　　（北京市方庄芳群园3区3号　邮政编码:100078）
网　　址　http://www.tiandiph.com
电子邮箱　tianditg@163.com
经　　销　新华文轩出版传媒股份有限公司

印　　刷　北京博海升彩色印刷有限公司
版　　次　2021 年 3 月第 1 版
印　　次　2022 年 6 月第 17 次印刷
开　　本　710mm×1000mm　1/16
印　　张　7
字　　数　48 千字
定　　价　39.80 元
书　　号　ISBN 978-7-5455-6166-1

"博物达人"张辰亮带你一起通晓自然万物！

《小亮老师的博物课》配套音频，
喜马拉雅热播课程，扫码马上听！